1원

5원

10원

※1원과 5원짜리 동전은 일상생활에서는 잘 사용하지 않습니다.

50원

100원

500원

1000원

5000원

10000원

50000원

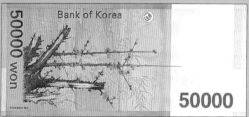

G 기탄출판

엄마·아빠가 우선 꼭 보세요
(다람쥐 쳇바퀴 같은 삶)

황중환 글·그림

아기가 태어나…

기고…

걷고…

뛰어놀다…

학교에 가고…

시험을 보고…

공부를 하고…

아빠?

또 열심히 입사시험 준비해서 안정된 직장에 취직했고…

여우 같은 애인과 뜨거운 열애 끝에 결혼을 하고…

얼마뒤, 자신을 닮은 2세를 낳고…

더욱 힘내서 열심히 직장을 다니고…

아이는 어느새 자라, 학교를 다니고…

어렵사리 집장만하고…

대출금 갚고… 가족들 먹여 살리느라 어린시절 꿈은 잊은지 오래…

우주 비행사 되나요?

성실하고 고분고분한 직장인으로 열심히 생활하던 어느날…

아빠? ?

공부를 꼭 해야 돼요?

그럼!! 열심히 공부해서 좋은 대학 가고 좋은 직장 들어가야지!

그…그렇게 하면 부자가 되는 건가요?

그럼!

일반적으로 정상적인 교육을 받고
열심히 직장에서 일하는 사람들의 삶이 이렇게 되기 쉽습니다.
자식들에게 이런 삶을 대물림하고 싶지 않다면,
우리 아이들에게 수학, 국어, 영어 공부를 시키는 것처럼
어렸을 때부터 돈에 대한 교육을 시켜야 합니다.
결코 학교에서 가르쳐 주지 않는 돈에 대한 경제 교육,
지금 시작됩니다.

학교에서 가르쳐 주지 않는 —

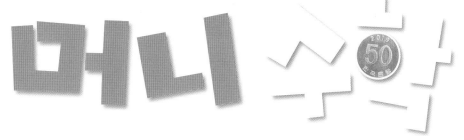

- 동전 세기
- 동전으로 물건값 계산하기

1과정

기초부터 탄탄하게
G 기탄출판

선진국에서는 필수인 어린이 경제 교육-
'돈'을 알아야 올바른 경제관념이 형성됩니다!

요즘 아이들은 어려서부터 수학, 국어, 영어와 같은 교과 학습을 많이 시작합니다. 그러나 정작 실생활에 가장 필요한 돈을 세고 물건값을 계산하는 학습은 이루어지지 않고 있습니다. 필요성은 알면서도 구체적으로 어떻게 가르쳐야 할지 막막할 뿐만 아니라, 시중에서 관련 교재를 찾아보기도 힘들기 때문입니다. 어릴 때부터 경제관념을 제대로 심어 줄 수 있도록, 돈과 관련된 경제 학습을 시키면서 중요하게 생각해야 되는 몇 가지 Tip을 알려 드립니다.

Tip1
돈과 관련된 경제 학습을 해야 하는 이유는 무엇인가요?

어릴 때부터 돈과 관련된 경제 학습을 통하여 경제 교육을 받고 자란 아이는 성인이 되어 직업을 가지고 경제 활동을 할 때에도 바른 경제관념을 가지고 합리적으로 생활할 수 있습니다.

Tip2
아이들에게 경제관념을 심어 주는 방법에는 무엇이 있나요?

용돈을 스스로 관리하고, 돈을 쓴 내용을 스스로 적고, 계획적으로 저축하는 습관 등이 있습니다. 그러나 가장 중요한 것은 인내하는 습관을 길러 주는 것입니다. 즉 원하는 것을 얻기 위해선 그에 상응한 대가가 필요하다는 것을 일깨워 주는 것입니다.

Tip3
경제 학습은 언제부터 가능할까요?

경제 관련 교육 전문가들은 보통 동전과 지폐의 차이, 돈의 액수를 구분할 수 있는 4~5세부터 시작하면 좋다고들 이야기 합니다.

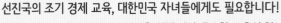

선진국의 조기 경제 교육, 대한민국 자녀들에게도 필요합니다!

선진국에서는 이미 성공적인 인생을 위해 가장 중요한 교육의 하나로 경제 교육에 중점을 두고 많은 투자를 하고 있습니다. 장기적인 경기 침체, 신용 불량자 및 실업자 증가 문제 등 다양한 경제 문제가 대두되고 있는 지금, 대한민국의 미래를 이끌어갈 어린이들의 경제 교육은 반드시 필요합니다.

"머니 수학"과 함께 어린 시절부터 올바른 경제관념을 확립하여 대한민국, 나아가 세계 경제를 이끌어갈 유능한 인재로 자라나길 바랍니다.

이 책의 구성과 특징

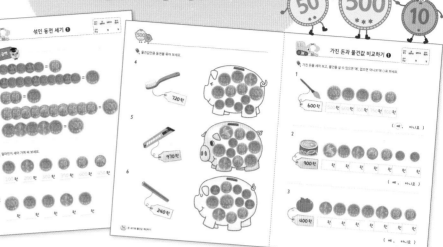

★ 본 학습

제목을 통해 이번 차시에서 학습해야
할 내용이 무엇인지 짚어 보고, 반복
학습을 통해 문제를 해결합니다.

★ 성취도 테스트

성취도 테스트는 본문에서 학습한 내용을 최종
적으로 한번 더 확인해 보는 문제들로 구성되어
있습니다. 성취도 테스트를 풀어본 후, 본 교재를
어느 정도 습득했는지를 확인하여 다음 단계로
나아갈 수 있는 능력을 길렀는지의 여부를 판단
하는 자료로 활용합니다.

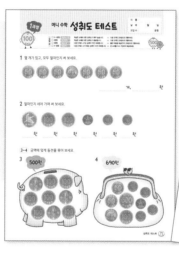

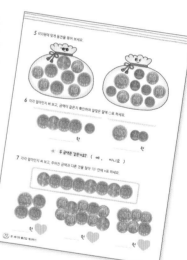

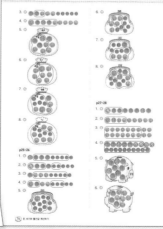

★ 정답

채점이 편리하도록 한눈에 보기 쉽게
정답을 모아 수록하였습니다.
예 가 표시된 정답은 제시된 것 외에도
여러 개의 답이 있을 수 있습니다.

차례
contents

특별부록 우리나라의 돈 포스터

같은 동전 세기 ❶

우리나라의 동전

1원과 5원짜리 동전은 일상생활에서는 잘 사용하지 않습니다.

1원

5원

10원

50원

100원

500원

✏️ 몇 개가 있고, 모두 얼마인지 써 보세요.

1

　　　　　4　 개, 　40　 원

2

　　　　　 개, 　 원

몇 개가 있고, 모두 얼마인지 써 보세요.

3

3 개   30 원

4

개   원

5

개   원

6

같은 동전 세기 ❷

 몇 개가 있고, 모두 얼마인지 써 보세요.

1

_3_ 개, _150_ 원

2

_____ 개, _____ 원

3

_____ 개, _____ 원

4

_____ 개, _____ 원

 몇 개가 있고, 모두 얼마인지 써 보세요.

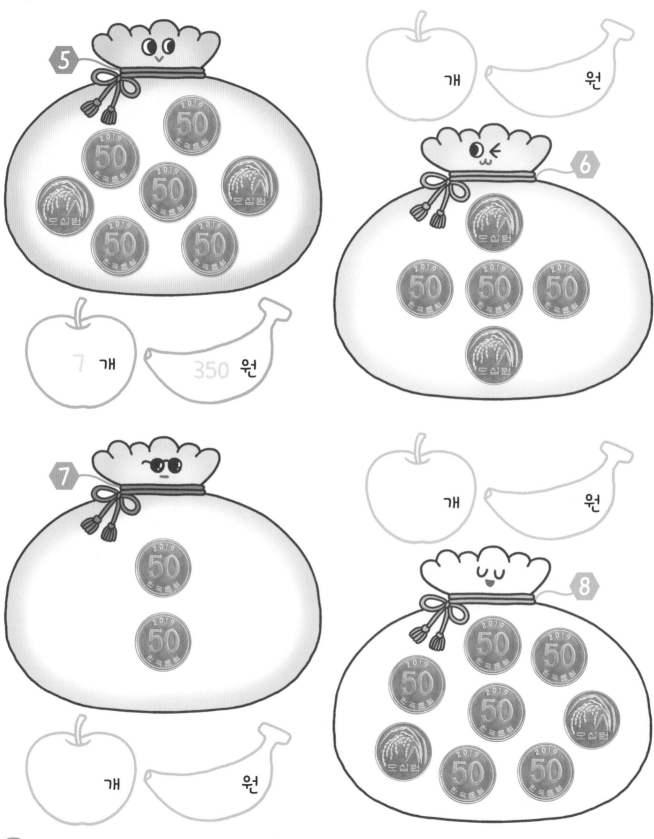

5

개   원

7 개   350 원

6

7

개   원

개   원

8

 몇 개가 있고, 모두 얼마인지 써 보세요.

1

5 개, 500 원

2

_____ 개, _____ 원

3

_____ 개, _____ 원

4

_____ 개, _____ 원

 몇 개가 있고, 모두 얼마인지 써 보세요.

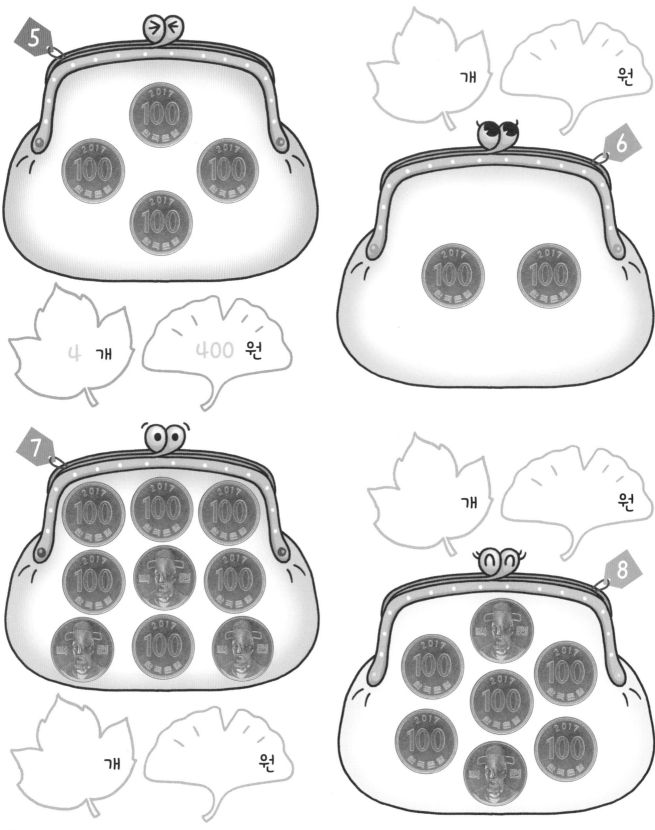

5

4 개   400 원

6

개   원

7

개   원

8

섞인 동전 세기 ❶

같은 금액

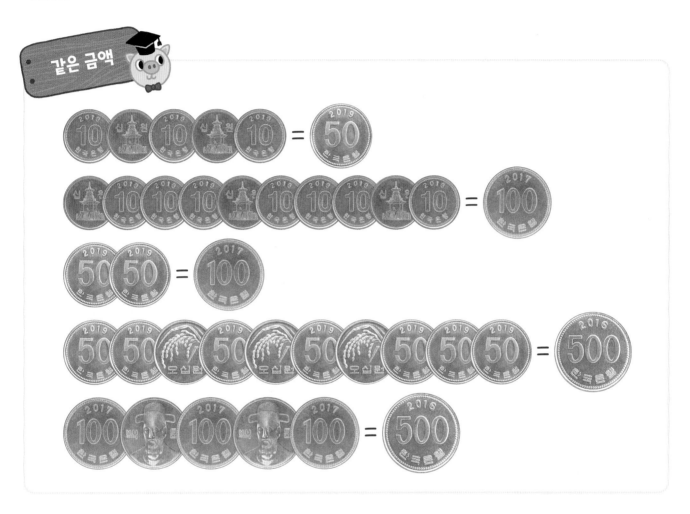

 얼마인지 세어 가며 써 보세요.

1

100 원　　200 원　　300 원　　350 원　　400 원　　450 원

2

　원　　　　원　　　　원　　　　원　　　　원

 모두 얼마인지 써 보세요.

340 원

원

원

원

엄마 확인 :	참 잘했어요	잘했어요	좀 더 열심히
공부 한날 :		월	일

 얼마인지 세어 가며 써 보세요.

1

　　　원　　　　　원　　　　　원　　　　　원　　　　　원

2

　　원　　　　원　　　　원　　　　원　　　　원　　　　원

3

　　원　　　　원　　　　원　　　　원　　　　원　　　　원　　　　원

4

　　원　　　　원　　　　원　　　　원　　　　원　　　　원

 모두 얼마인지 써 보세요.

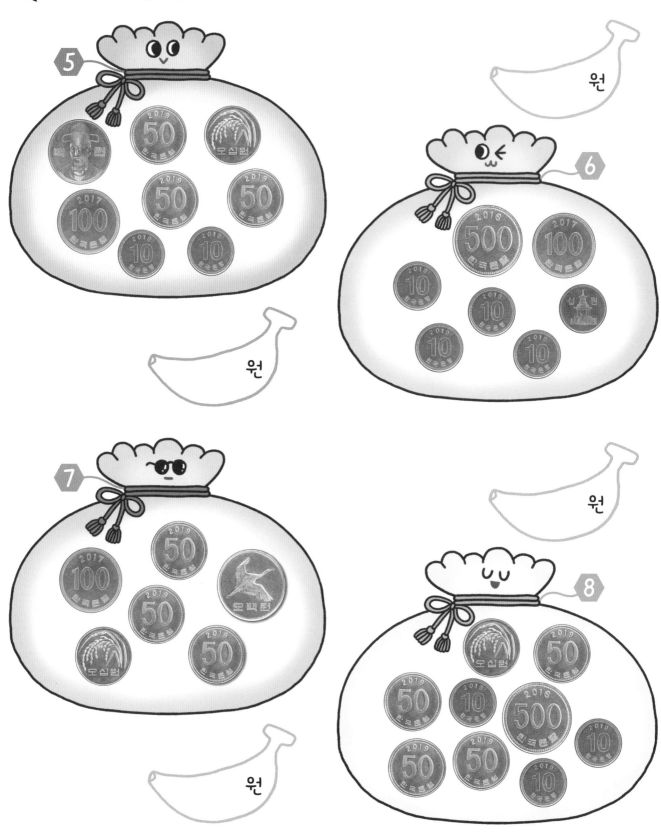

원

원

원

원

엄마	참	잘했어요	좀 더
확인 :	잘했어요		열심히
공부 한날 :	월		일

 얼마인지 세어 가며 써 보세요.

1

_____ 원   _____ 원   _____ 원   _____ 원

2

_____ 원   _____ 원   _____ 원   _____ 원   _____ 원   _____ 원   _____ 원

3

_____ 원   _____ 원   _____ 원   _____ 원   _____ 원   _____ 원   _____ 원

4

_____ 원   _____ 원   _____ 원   _____ 원   _____ 원   _____ 원

 모두 얼마인지 써 보세요.

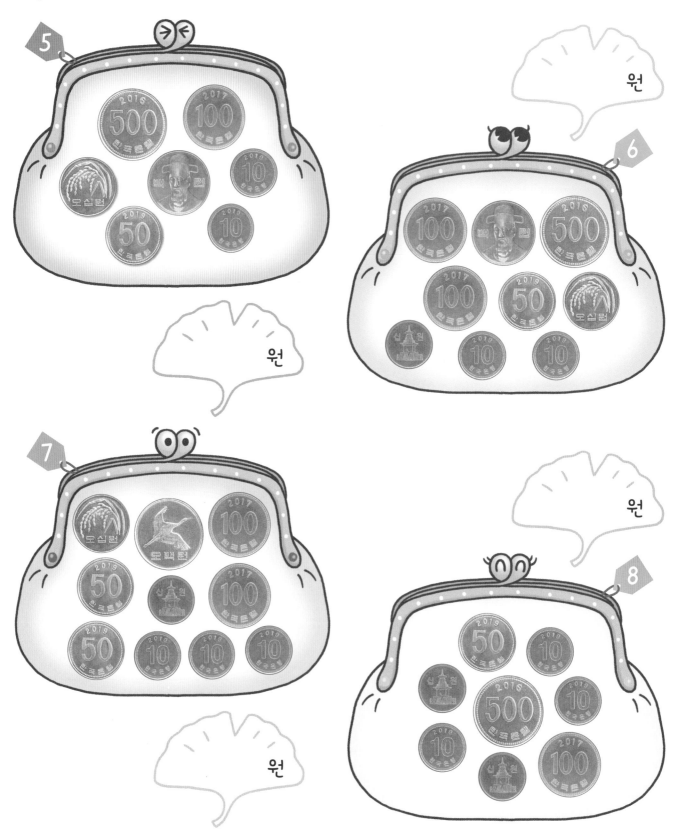

엄마 :	참 잘했어요	잘했어요	좀 더
확인 :			열심히
공부 : 한날 :	월		일

 금액에 맞게 동전을 묶어 보세요.

1 500원

2 300원

3 700원

4 900원

 금액에 맞게 동전을 묶어 보세요.

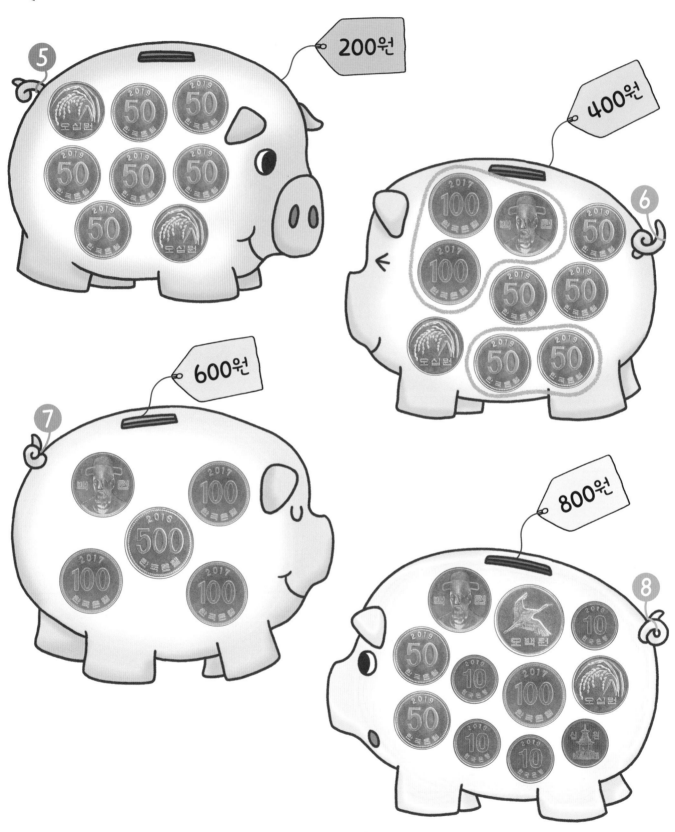

동전 묶기 ❷

 금액에 맞게 동전을 묶어 보세요.

1 350원

2 550원

3 150원

4 850원

 금액에 맞게 동전을 묶어 보세요.

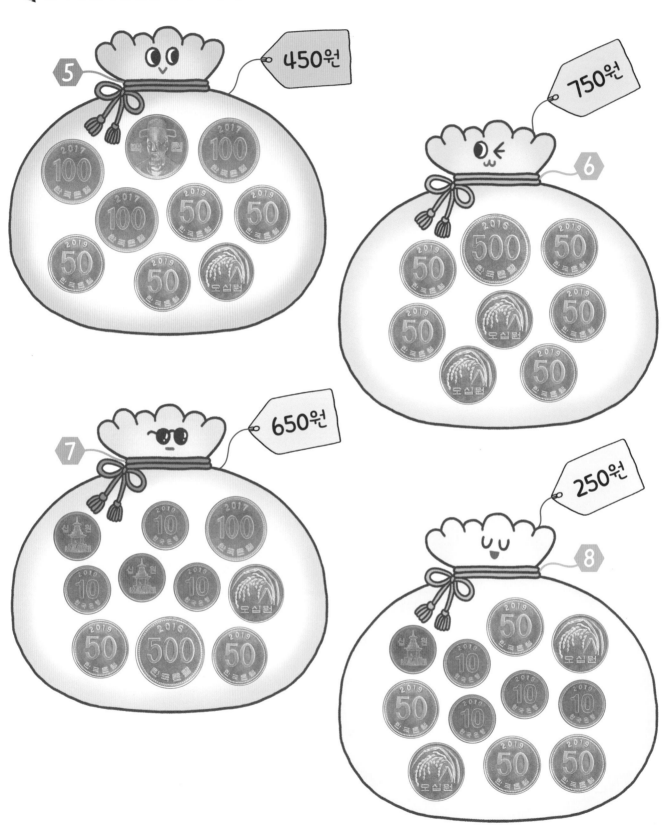

✏️ 금액에 맞게 동전을 묶어 보세요.

1 340원

2 720원

3 190원

4 630원

금액에 맞게 동전을 묶어 보세요.

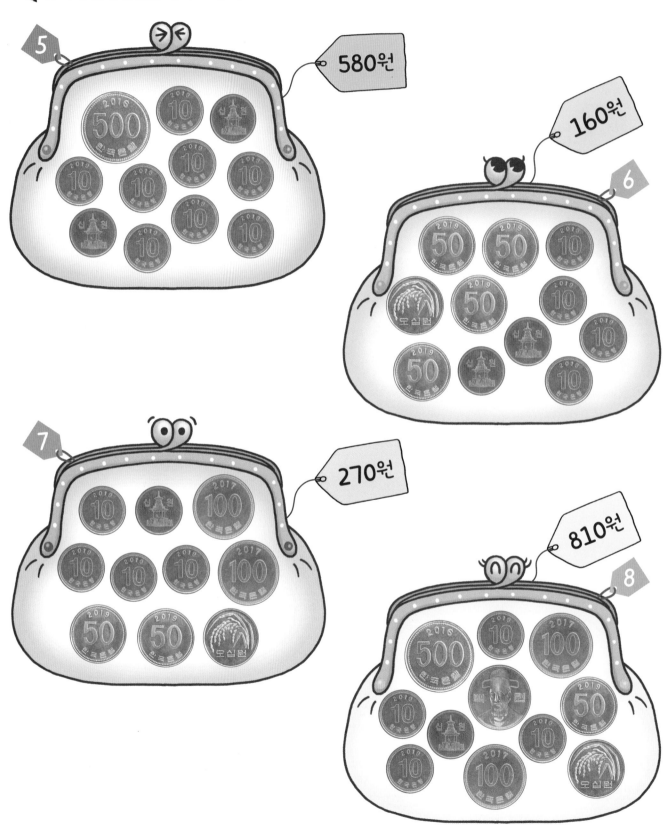

금액에 맞게 여러 가지 방법으로 동전 묶기 ❶

 700원에 맞게 동전을 묶어 보세요.

1

2

3

4

 400원에 맞게 동전을 묶어 보세요.

금액에 맞게 여러 가지 방법으로 동전 묶기 ❷

 750원에 맞게 동전을 묶어 보세요.

1

2

3

4

 550원에 맞게 동전을 묶어 보세요.

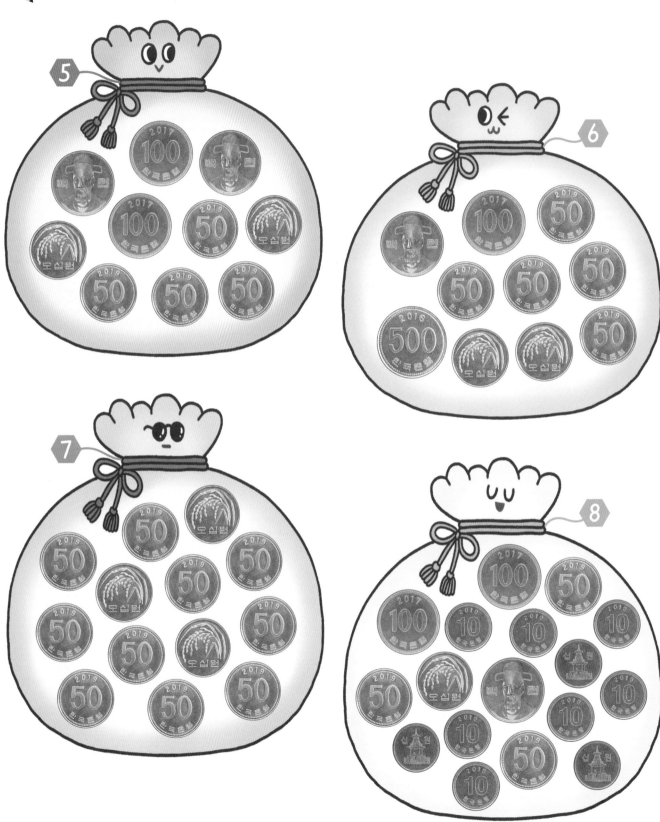

| 엄마 확인 : | 참 잘했어요 | 잘했어요 | 좀 더 열심히 |
| 공부 한날 : | | 월 | 일 |

 640원에 맞게 동전을 묶어 보세요.

1

2

3

4

 520원에 맞게 동전을 묶어 보세요.

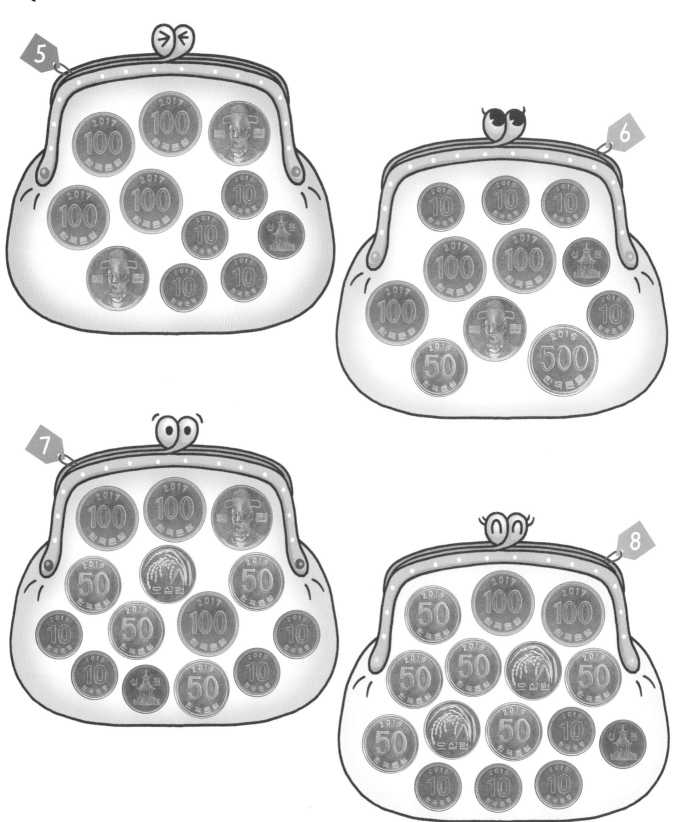

금액 비교하기 ❶

✏️ 각각 얼마인지 써 보고, 금액이 같은지 확인하여 알맞은 말에 ○표 하세요.

1

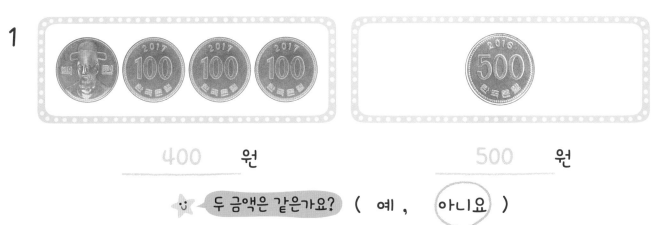

　　　　400　원　　　　　　　　500　원

⭐ 두 금액은 같은가요? (예 , 아니요)

2

　　　　　　원　　　　　　　　　　원

⭐ 두 금액은 같은가요? (예 , 아니요)

3

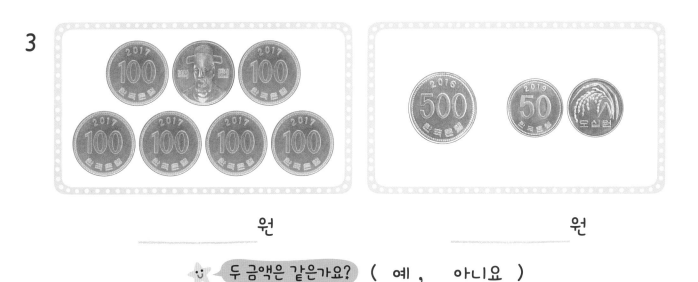

　　　　　　원　　　　　　　　　　원

⭐ 두 금액은 같은가요? (예 , 아니요)

 같은 금액끼리 선으로 이어 보세요.

4

5

6

금액 비교하기 ❷

 각각 얼마인지 써 보고, 금액이 같은지 확인하여 알맞은 말에 ○표 하세요.

1

_____ 원　　　　　_____ 원

 두 금액은 같은가요? (예 , 아니요)

2

_____ 원　　　　　_____ 원

 두 금액은 같은가요? (예 , 아니요)

3

_____ 원　　　　　_____ 원

두 금액은 같은가요? (예 , 아니요)

 같은 금액끼리 선으로 이어 보세요.

4

5

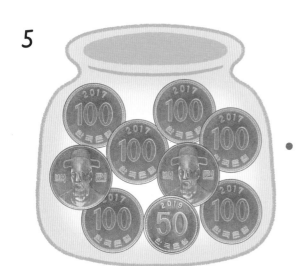

6

| 엄마
확인 : | 참
잘했어요 | 잘했어요 | 좀 더
열심히 |

공부
한날 :   월   일

 각각 얼마인지 써 보고, 금액이 같은지 확인하여 알맞은 말에 ○표 하세요.

1

_____ 원   _____ 원

⭐ 두 금액은 같은가요? (예 , 아니요)

2

_____ 원   _____ 원

⭐ 두 금액은 같은가요? (예 , 아니요)

3

_____ 원   _____ 원

⭐ 두 금액은 같은가요? (예 , 아니요)

 같은 금액끼리 선으로 이어 보세요.

4

 · ·

5

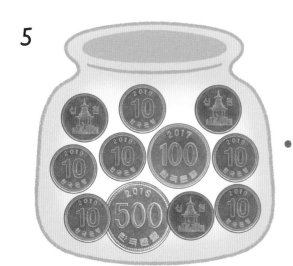 · ·

6

 · ·

금액 비교하기 ❹

✏️ 동전을 세어서 얼마인지 써 보고, 주어진 금액과 같으면 🩷 안에 ○표, 다르면 🩷 안에 ×표 하세요.

1

_____ 원

🩷

2

_____ 원

🩷

3

_____ 원

🩷

4

_____ 원

🩷

모두 얼마인지 써 보고, 주어진 금액과 같으면 ⭐ 안에 ○표, 다르면 ⭐ 안에 ×표 하세요.

5

_____ 원

⭐

6

_____ 원

⭐

7

_____ 원

⭐

금액 비교하기 ❺

엄마 확인 :	참 잘했어요	잘했어요	좀 더 열심히
공부 한날 :	월		일

동전을 세어서 얼마인지 써 보고, 주어진 금액과 같으면 ♥ 안에 ○표, 다르면 ♥ 안에 ×표 하세요.

1

_____ 원

2

_____ 원

3

_____ 원

4

_____ 원

750원

모두 얼마인지 써 보고, 주어진 금액과 같으면 ⭐ 안에 ○표, 다르면 ⭐ 안에 ×표 하세요.

5

_____ 원

6

_____ 원

7

_____ 원

금액 비교하기 ❻

✏️ 동전을 세어서 얼마인지 써 보고, 주어진 금액과 같으면 💜 안에 ○표, 다르면 💜 안에 ×표 하세요.

1

_____ 원

2

_____ 원

3

_____ 원

4

_____ 원

모두 얼마인지 써 보고, 주어진 금액과 같으면 ⭐ 안에 ○표, 다르면 ⭐ 안에 ×표 하세요.

5

_____ 원

6

_____ 원

7

_____ 원

물건값 알아보기 ❶

엄마 확인 :	참 잘했어요	잘했어요	좀 더 열심히
공부 한날 :	월		일

 낸 금액을 보고 물건값이 얼마인지 써 보세요.

1

100원	200원	300원	400원

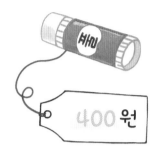

400원

2

원	원	원	원	원

원

3

원	원	원

원

4

원	원	원	원	원	원

원

 낸 금액을 보고 물건값이 얼마인지 써 보세요.

5

800 원

6

원

7

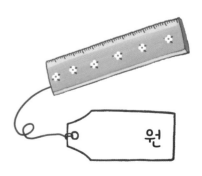

원

물건값 알아보기 ❷

 낸 금액을 보고 물건값이 얼마인지 써 보세요.

1

| 원 | 원 | 원 | 원 | 원 | 원 |

원

2

| 원 | 원 | 원 |

원

3

| 원 | 원 | 원 | 원 |

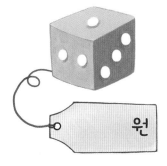

원

4

| 원 | 원 | 원 | 원 | 원 | 원 |

원

 낸 금액을 보고 물건값이 얼마인지 써 보세요.

5

원

6

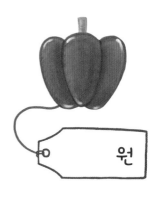

원

7

원

물건값 알아보기 ❸

 낸 금액을 보고 물건값이 얼마인지 써 보세요.

1

원	원	원	원	원	원

원

2

원	원	원	원	원	원

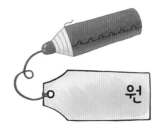

원

3

원	원	원	원	원	원

원

4

원	원	원	원	원	원

원

 낸 금액을 보고 물건값이 얼마인지 써 보세요.

5

원

6

원

7

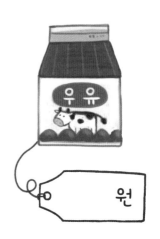

원

물건값만큼 동전 묶기 ❶

엄마 확인 :	참 잘했어요	잘했어요	좀 더 열심히
공부 한날 :		월	일

 물건값만큼 동전을 묶어 보세요.

1

2

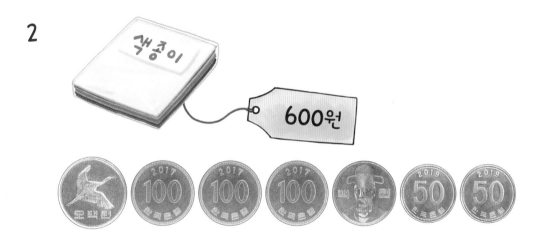

3

 물건값만큼 동전을 묶어 보세요.

4

800 원

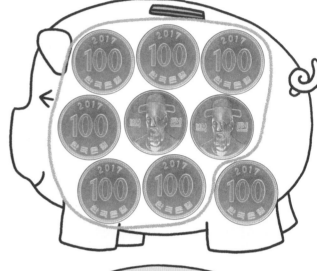

5

400 원

6

700 원

물건값만큼 동전 묶기 ❷

 물건값만큼 동전을 묶어 보세요.

1

850원

2

750원

3

350원

물건값만큼 동전을 묶어 보세요.

4

450 원

5

250 원

6

650 원

물건값만큼 동전 묶기 ❸

 물건값만큼 동전을 묶어 보세요.

1

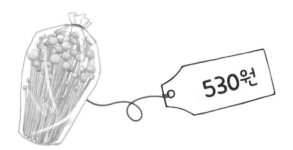

530원

2

680원

3

440원

 물건값만큼 동전을 묶어 보세요.

4

720 원

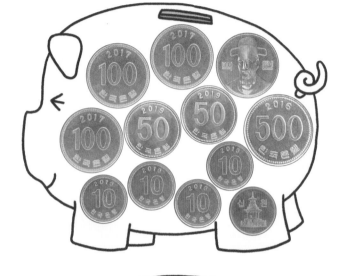

5

970 원

6

240 원

가진 돈과 물건값 비교하기 ❶

 가진 돈을 세어 보고, 물건을 살 수 있으면 '예', 없으면 '아니요'에 ○표 하세요.

1

600원

500원	600원	700원	750원	800원

(예 , 아니요)

2

900원

원	원	원	원	원	원	원

(예 , 아니요)

3

400원

원	원	원	원	원	원	원

(예 , 아니요)

 가진 돈을 세어 보고, 물건을 살 수 있으면 '예', 없으면 '아니요'에 ○표 하세요.

4

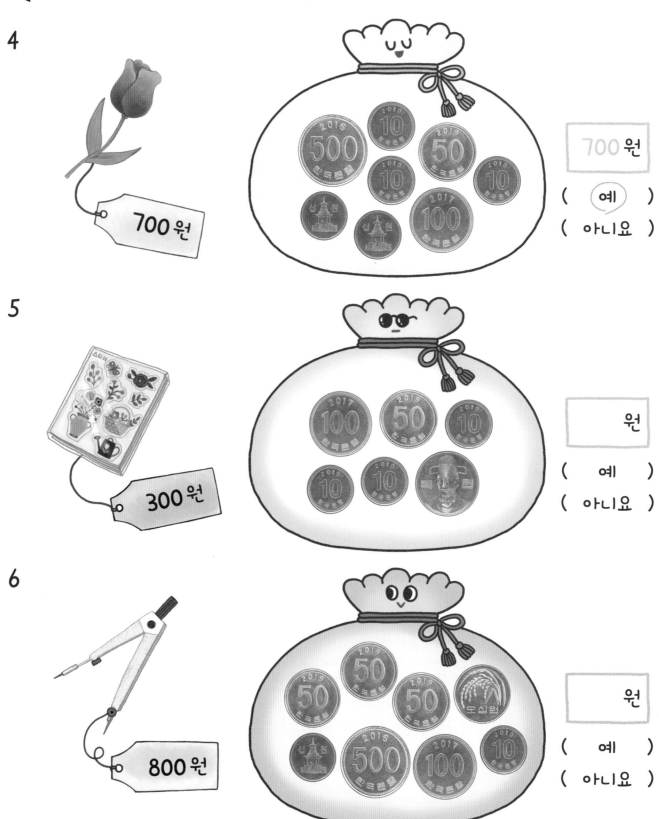

700 원

(예)

(아니요)

5

300 원

원

(예)

(아니요)

6

800 원

원

(예)

(아니요)

가진 돈과 물건값 비교하기 ❷

엄마 확인 :	참 잘했어요	잘했어요	좀 더 열심히
공부 한날 :		월	일

 가진 돈을 세어 보고, 물건을 살 수 있으면 '예', 없으면 '아니요'에 ○표 하세요.

1

(예 , 아니요)

2

(예 , 아니요)

3

(예 , 아니요)

물건값 계산하기 59

가진 돈을 세어 보고, 물건을 살 수 있으면 '예', 없으면 '아니요'에 ○표 하세요.

4

150 원

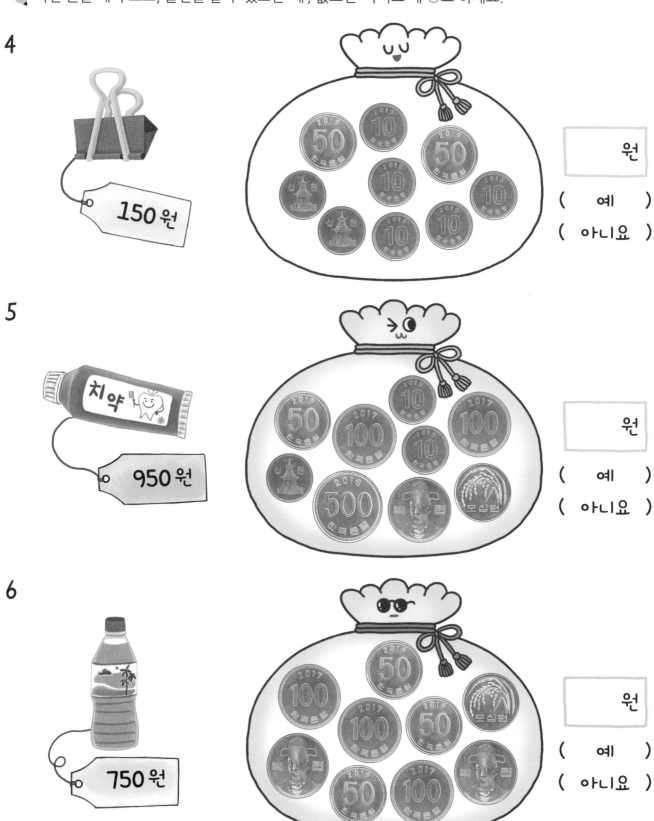

☐ 원

(예)

(아니요)

5

치약

950 원

☐ 원

(예)

(아니요)

6

750 원

☐ 원

(예)

(아니요)

 가진 돈을 세어 보고, 물건을 살 수 있으면 '예', 없으면 '아니요'에 ○표 하세요.

1

330원

원	원	원	원	원	원	원

(예 ,　아니요)

2

880원

원	원	원	원	원	원

(예 ,　아니요)

3

620원

원	원	원	원	원	원	원

(예 ,　아니요)

가진 돈을 세어 보고, 물건을 살 수 있으면 '예', 없으면 '아니요'에 ○표 하세요.

4

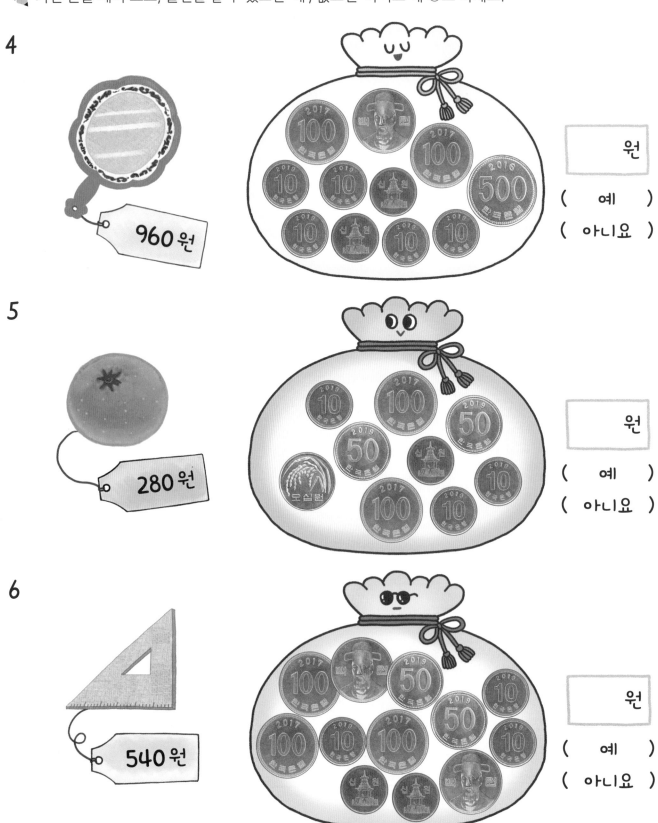

960 원

원

(예)

(아니요)

5

280 원

원

(예)

(아니요)

6

540 원

원

(예)

(아니요)

물건값 비교하기 ❶

 각각의 물건값을 쓰고, 더 비싼 물건에 ○표 하세요.

1

300 원

400 원

2

 원

 원

3

 원

 원

물건값을 쓰고, 주어진 물건보다 더 비싸면 ( ) 안에 ○표, 더 싸면 ( ) 안에 ×표 하세요.

700원

4

원

( )

5

원

( )

6

 원

( )

물건값 비교하기 ❷

 각각의 물건값을 쓰고, 더 비싼 물건에 ○표 하세요.

1

원

원

2

원

원

3

원

원

 물건값을 쓰고, 주어진 물건보다 더 비싸면 ( ) 안에 ○표, 더 싸면 ( ) 안에 ×표 하세요.

350원

4

원

( )

5

원

( )

6

원

( )

물건값 비교하기 ❸

 각각의 물건값을 쓰고, 더 비싼 물건에 ○표 하세요.

1

원

원

2

원

원

3

원

원

 물건값을 쓰고, 주어진 물건보다 더 비싸면 ( ) 안에 ○표, 더 싸면 ( ) 안에 ×표 하세요.

4

  원

(   )

5

   원

(   )

6

   원

(   )

물건값의 합과 차

 두 물건값의 합을 알아보려고 합니다. 돈을 세어 두 물건값의 합을 쓰세요.

1

400원
+ 300원
─────
700원

2

500원
+ 150원
─────
원

3

230원
+ 340원
─────
원

 두 물건값의 차를 알아보려고 합니다. 돈을 비교하여 두 물건값의 차를 쓰세요.

4

600원
− 400원
───────
200원

5

450원
− 300원
───────
원

6

830원
− 320원
───────
원

오답수		
☐ 0~1문항	A등급(매우 잘함)	학습한 교재에 대한 성취도가 매우 높습니다. → 다음 단계인 2과정으로 진행하세요.
☐ 2문항	B등급(잘함)	학습한 교재에 대한 성취도가 충분합니다. → 다음 단계인 2과정으로 진행하세요.
☐ 3문항	C등급(보통)	다음 단계로 나가는 능력이 약간 부족합니다. → 틀린 부분을 복습한 후, 2과정으로 진행하세요.
☐ 4~문항	D등급(부족)	다음 단계로 나가기에는 능력이 아주 부족합니다. → 본 교재를 다시 구입하여 복습하세요.

1 몇 개가 있고, 모두 얼마인지 써 보세요.

_____ 개, _____ 원

2 얼마인지 세어 가며 써 보세요.

_____ 원 _____ 원 _____ 원 _____ 원 _____ 원 _____ 원

3~4 금액에 맞게 동전을 묶어 보세요.

3 500원

4 690원

5 650원에 맞게 동전을 묶어 보세요.

6 각각 얼마인지 써 보고, 금액이 같은지 확인하여 알맞은 말에 ○표 하세요.

_____ 원   _____ 원

⭐ 두 금액은 같은가요? (예 , 아니요)

7 각각 얼마인지 써 보고, 주어진 금액과 다른 것을 찾아 💜 안에 ×표 하세요.

_____ 원 💜   _____ 원 💜   _____ 원 💜

8 낸 금액을 보고 물건값이 얼마인지 써 보세요.

원

9~10 물건값만큼 동전을 묶어 보세요.

9

840원

10

400원

11 가진 돈을 세어 보고, 물건을 살 수 있으면 '예', 없으면 '아니요'에 ○표 하세요.

□ 원

(예)

(아니요)

12 각각의 물건값을 쓰고, 더 비싼 물건에 ○표 하세요.

원

원

13 두 물건값의 차를 알아보려고 합니다. 돈을 비교하여 두 물건값의 차를 쓰세요.

650원

− 500원

_____

□ 원

머니 수학 정답

p9~10

1. 4, 40	2. 8, 80
3. 3, 30	4. 6, 60
5. 5, 50	6. 9, 90

p11~12

1. 3, 150	2. 6, 300
3. 9, 450	4. 4, 200
5. 7, 350	6. 5, 250
7. 2, 100	8. 8, 400

p13~14

1. 5, 500	2. 3, 300
3. 8, 800	4. 6, 600
5. 4, 400	6. 2, 200
7. 9, 900	8. 7, 700

p15~16

1. 100, 200, 300, 350, 400, 450
2. 500, 600, 700, 800, 900
3. 340   4. 180
5. 750   6. 570

p17~18

1. 100, 150, 200, 210, 220
2. 500, 600, 700, 750, 800, 850
3. 500, 600, 700, 710, 720, 730, 740
4. 500, 550, 600, 650, 700, 710
5. 420   6. 650
7. 800   8. 780

p19~20

1. 500, 600, 650, 660
2. 500, 600, 650, 700, 710, 720, 730
3. 500, 600, 700, 800, 850, 860, 870
4. 500, 600, 650, 700, 750, 760
5. 820   6. 930
7. 890   8. 700

p21~22

1. 예

2. 예

3. 예

4. 예

5. 예

6. 예

7. 예

8. 예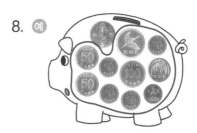

p23~24

1. 예

2. 예

3. 예

4. 예

5. 예

6. 예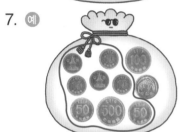

7. 예

8. 예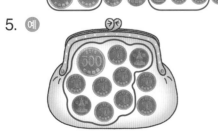

p25~26

1. 예

2. 예

3. 예

4. 예

5. 예

6. 예

7. 예

8. 예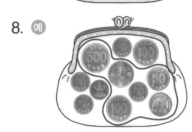

p27~28

1. 예

2. 예

3. 예

4. 예

5. 예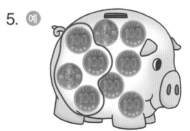

6. 예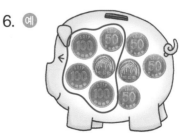

7. 예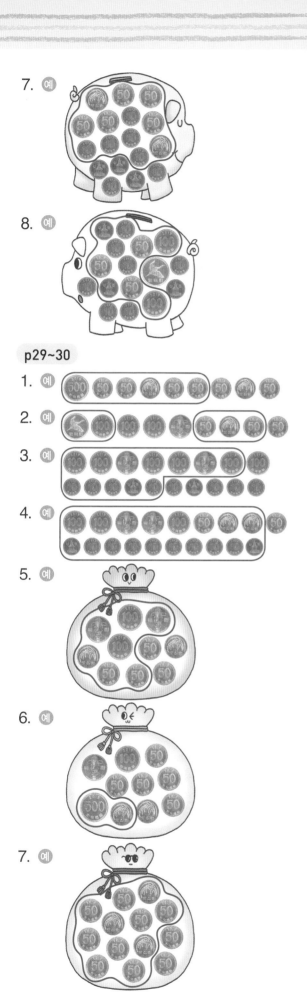

8. 예

p29~30

1. 예

2. 예

3. 예

4. 예

5. 예

6. 예

7. 예

8. 예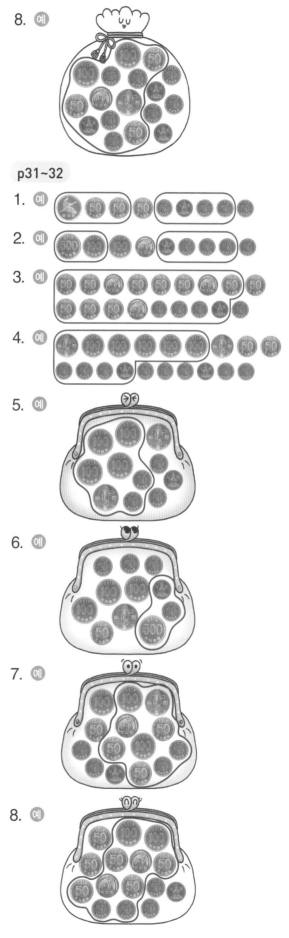

p31~32

1. 예

2. 예

3. 예

4. 예

5. 예

6. 예

7. 예

8. 예

p33~34

1. 400, 500, '아니요'에 ○표
2. 300, 300, '예'에 ○표
3. 700, 600, '아니요'에 ○표
4.
5.
6.

p35~36

1. 150, 150, '예'에 ○표
2. 450, 550, '아니요'에 ○표
3. 650, 450, '아니요'에 ○표
4.
5.
6.

p37~38

1. 420, 510, '아니요'에 ○표
2. 620, 260, '아니요'에 ○표
3. 760, 760, '예'에 ○표
4.
5.
6.

p39~40

1. 800, ○   2. 800, ○   3. 800, ○
4. 900, ×   5. 600, ○   6. 600, ○
7. 500, ×

p41~42

1. 750, ○   2. 850, ×   3. 750, ○
4. 650, ×   5. 450, ○   6. 350, ×
7. 450, ○

p43~44

1. 890, ○   2. 890, ○   3. 870, ×
4. 840, ×   5. 510, ×   6. 560, ○
7. 560, ○

p45~46

1. 100, 200, 300, 400 / 400
2. 100, 150, 200, 250, 300 / 300

3. 500, 600, 700 / 700
4. 500, 600, 700, 800, 850, 900 / 900
5. 800   6. 500   7. 600

p47~48

1. 100, 110, 120, 130, 140, 150 / 150
2. 100, 200, 250 / 250
3. 500, 550, 600, 650 / 650
4. 500, 600, 700, 800, 900, 950 / 950
5. 450   6. 850   7. 750

p49~50

1. 100, 200, 300, 400, 500, 510 / 510
2. 50, 100, 150, 200, 210, 220 / 220
3. 500, 600, 700, 710, 720, 730 / 730
4. 500, 600, 700, 800, 850, 860 / 860
5. 340   6. 480   7. 920

p51~52

1. 예
2. 예
3. 예
4. 예
5. 예
6. 예

p53~54

1. 예

2. 예

3. 예

4. 예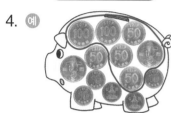

5. 예

6. 예

p55~56

1. 예

2. 예

3. 예

4. 예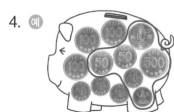

5. 예

6. 예

p57~58

1. 500, 600, 700, 750, 800 / '예'에 ○표

2. 500, 600, 700, 750, 800, 810, 820 / '아니요'에 ○표

3. 100, 200, 300, 400, 500, 550, 600 / '예'에 ○표

4. 700 / '예'에 ○표

5. 280 / '아니요'에 ○표   6. 820 / '예'에 ○표

p59~60

1. 100, 200, 300, 400, 500, 600, 700 / '예'에 ○표

2. 100, 200, 300, 350, 400, 410, 420 / '아니요'에 ○표

3. 50, 100, 150, 200, 250, 300, 350 / '예'에 ○표

4. 170 / '예'에 ○표

5. 930 / '아니요'에 ○표

6. 700 / '아니요'에 ○표

p61~62

1. 100, 150, 200, 250, 260, 270, 280 / '아니요'에 ○표

2. 500, 600, 700, 800, 850, 900 / '예'에 ○표

3. 100, 200, 300, 400, 450, 500, 510 / '아니요'에 ○표

4. 870 / '아니요'에 ○표

5. 390 / '예'에 ○표   6. 650 / '예'에 ○표

p63~64

1.   300

          400

2.  200

100

3. 600

500

4. 900, ○   5. 600, ×   6. 800, ○

p65~66

1. 950

850

2. 650

750

3. 350

450

4. 550, ○   5. 250, ×   6. 450, ○

p67~68

1. 330

380

2. 160

230

3. 740

520

4. 650, ×   5. 930, ○   6. 780, ×

p69~70

1. 700   2. 650

3. 570   4. 200
5. 150   6. 510

성취도 테스트

1. 7, 350
2. 500, 600, 700, 710, 720, 730
3. 예

4. 예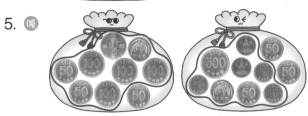

5. 예

6. 410, 520 / '아니요'에 ○표
7. 800 / 700 , × / 800
8. 550
9. 예

10. 예

11. 800 / '아니요'에 ○표
12. 750

820

13. 150